Oprite Bobmanuel

Produção de betão espumoso com agentes espumantes de base proteica e sintética

Oprite Bobmanuel

Produção de betão espumoso com agentes espumantes de base proteica e sintética

ScienciaScripts

Imprint

Any brand names and product names mentioned in this book are subject to trademark, brand or patent protection and are trademarks or registered trademarks of their respective holders. The use of brand names, product names, common names, trade names, product descriptions etc. even without a particular marking in this work is in no way to be construed to mean that such names may be regarded as unrestricted in respect of trademark and brand protection legislation and could thus be used by anyone.

Cover image: www.ingimage.com

This book is a translation from the original published under ISBN 978-620-2-09495-5.

Publisher:
Sciencia Scripts
is a trademark of
Dodo Books Indian Ocean Ltd. and OmniScriptum S.R.L publishing group

120 High Road, East Finchley, London, N2 9ED, United Kingdom
Str. Armeneasca 28/1, office 1, Chisinau MD-2012, Republic of Moldova, Europe
Printed at: see last page
ISBN: 978-620-7-97121-3

QUADRO DE CONTEÚDOS

Este trabalho é dedicado à Glória de Deus Todo-Poderoso pela Sua orientação e proteção durante todo o período deste estudo. Também a todos aqueles que me apoiaram e ajudaram de uma forma ou de outra.

RECONHECIMENTO

O meu mais profundo agradecimento a Deus Todo-Poderoso por me ter preservado e mantido em segurança durante todo o período deste estudo de investigação.

Os meus profundos agradecimentos e cumprimentos aos professores e ao pessoal não académico do Departamento de Engenharia Civil da Universidade de Port Harcourt, sob a direção do Engr. (Dr.) Eme, Dennis Budu (Chefe do Departamento de Engenharia Civil), pelo seu apoio, orientação e conselhos que me ajudaram a enfrentar os muitos desafios com que me deparei durante a realização deste estudo.

Quero também agradecer ao meu supervisor, Engr. Ogbodo, Munachiso, pela sua orientação, encorajamento e orientação paternal ao longo deste projeto. Os seus esforços incansáveis tornaram este projeto um sucesso.

O meu apreço vai também para os meus pais, família, amigos e colegas de curso, cujos nomes são demasiados para serem mencionados, que me apoiaram durante todo o processo.

RESUMO

Este projeto apresenta os resultados da investigação realizada sobre um betão leve espumado utilizando diferentes reagentes; Lauril Sulfato de Sódio (SLS) e Lithofoam, com vista a determinar o seu potencial como material de construção na Nigéria. As propriedades investigadas no betão espumado com uma densidade alvo de 1800 kg/m^3 foram: trabalhabilidade, densidade aparente e resistência à compressão. As espumas de betão produzidas com SLS foram desenvolvidas utilizando uma relação a/c de 0,5 e uma relação de mistura de 1:3:0,0075. Os provetes de betão foram produzidos utilizando dois tipos diferentes de agregados finos. Os espécimes foram curados em água durante 7, 21 e 28 dias. Os resultados revelaram que as idades de cura afectaram significativamente a resistência e que é possível obter resistências adequadas utilizando SLS como agente espumante. As resistências de 28th dias para os espécimes de betão foram 11.27N/mm^2 e 11.04N/mm^2 respetivamente. Estas resistências foram cerca de 23,2% e 25,8% inferiores às do betão espumado produzido com Lithofoam como reagente.

CAPÍTULO 1

INTRODUÇÃO

1.1 ANTECEDENTES DO ESTUDO

A prática da engenharia civil e as obras de construção na Nigéria dependem em grande medida do betão. Os seus constituintes básicos são o cimento, o agregado fino, o agregado grosso e a água. Por conseguinte, o custo global da produção de betão depende em grande medida da disponibilidade dos componentes acima referidos. Para além do custo, o betão convencional de cimento calcário Portland sofre de certas deficiências, como o seu elevado peso próprio, alta condutividade térmica, baixa resistência ao fogo e ao som, etc. As tentativas para ultrapassar estas deficiências resultaram no desenvolvimento de betão leve com espuma.

O betão leve estrutural é um betão estrutural em todos os aspectos, exceto que, por razões de economia global de custos, o betão é feito com agregados leves de modo a que o seu peso unitário seja aproximadamente dois terços do peso unitário do betão fcito com a mistura típica de agregados naturais (agregados grossos e finos).

O betão espumoso é um tipo de betão leve poroso à base de argamassa de cimento ou de cal, no qual os vazios de ar são aprisionados na matriz da argamassa por meio de um agente espumante adequado. A espuma de betão tem um elevado grau de isolamento térmico e acústico. Tem uma boa resistência ao fogo e às térmitas e é muito económico e sustentável devido à sua estrutura porosa. Foi descoberto pela primeira vez em 1914, na Suécia, onde se verificou que uma mistura de cimento, agregados finos e água portátil se expandia com a adição de pó de alumínio à mistura de betão. O material foi posteriormente desenvolvido para o que conhecemos hoje como betão espumoso (também referido como betão celular). A reação entre o alumínio e o betão provocou a formação de bolhas de hidrogénio microscópicas na mistura de betão, expandindo assim o betão até cerca de 5 vezes o seu volume original.

O agente de arrastamento, que actuará como rolamentos de esferas flexíveis, modificará as propriedades do betão plástico no que diz respeito à trabalhabilidade, segregação, sangramento e qualidade de acabamento do betão. Modifica também as propriedades do betão endurecido no que diz respeito à sua resistência à ação do gelo e à permeabilidade. Este tipo de betão pode ser classificado como um material de construção energeticamente eficiente.

Talvez um dos avanços mais importantes na tecnologia do betão tenha sido a descoberta do betão celular. A utilização do betão celular tem vindo a aumentar em todo o mundo, especialmente nos Estados Unidos e no Canadá. Devido ao reconhecimento dos méritos do betão celular, cerca de 85% do betão fabricado nos Estados Unidos contém um ou mais tipos de agentes de arrastamento de ar. De tal forma que quase passou a ser considerado um "quinto ingrediente" necessário no fabrico de betão.

1.2 DECLARAÇÃO DO PROBLEMA

A escassez, a inflação e o elevado custo dos materiais de construção, juntamente com a necessidade de uma estrutura de baixo consumo energético e de peso próprio reduzido, incentivaram a procura de um material de construção alternativo, inovador e económico. Embora a espuma de betão tenha sido inicialmente utilizada pelas suas propriedades de isolamento, tem havido um interesse renovado nas suas caraterísticas estruturais, tendo em conta o seu peso mais leve, a poupança de materiais e o potencial de utilização em grande escala de resíduos como as cinzas volantes. Isto traduz-se numa redução dos custos de mão de obra/equipamento de construção; uma das principais causas de preocupação para a indústria da construção civil.

Devido aos avanços tecnológicos, existe agora a necessidade de considerar a utilização/desenvolvimento de espuma de betão na Nigéria para a construção. A utilização deste betão espumoso catapultará o país para a ribalta, uma vez que não é habitualmente utilizado na indústria da construção na Nigéria.

1.3 OBJECTIVOS DA INVESTIGAÇÃO

O objetivo desta investigação é realizar um estudo comparativo sobre a resistência do betão leve com espuma preparado com diferentes reagentes (Lauril Sulfato de Sódio e

Lithofoam).

1.4 SIGNIFICADO DA INVESTIGAÇÃO

A importância desta investigação e os seus resultados irão inspirar o desenvolvimento de uma conceção de mistura adequada para o betão espumoso, a fim de produzir um betão estrutural leve com uma resistência à compressão estrutural adequada e baixa densidade.

1.5 ÂMBITO DO TRABALHO DE INVESTIGAÇÃO

O âmbito deste trabalho de investigação será limitado à produção de betão espumoso utilizando uma densidade alvo de $1800kg/m^3$ e sem a adição de qualquer plastificante. O agente espumante utilizado nesta investigação é o Lauril Sulfato de Sódio (SLS), um agente de base sintética.

CAPÍTULO 2

REVISÃO DA LITERATURA

Este capítulo é uma revisão de palestras relacionadas com o estudo, sob os seguintes títulos;

a) Betão

b) Betão leve

c) Arrastamento de ar, e

d) Métodos de cura

e) 1CONCRETO

O betão é o material de construção mais utilizado, feito através da mistura de cimento Portland com areia, pedras britadas e água. O ritmo a que é utilizado é muito mais elevado do que há 40 anos. O consumo atual de betão no mundo é da ordem de mil milhões de toneladas métricas por ano. De acordo com Mehta e Monteiro (2006), a utilização generalizada do betão na indústria da construção pode ser atribuída a três (3) razões principais;

1) O betão possui uma excelente resistência à água. Ao contrário do aço e da madeira, pode suportar a ação da água sem se deteriorar seriamente.

2) A facilidade com que os elementos estruturais de betão podem ser moldados numa variedade de formas e tamanhos. Isto deve-se ao estado plástico do betão fresco, que permite o seu escoamento em cofragens pré-fabricadas.

3) O betão é o material mais barato e mais facilmente disponível para a construção.

De acordo com Mehta e Monteiro (2006), o betão pode ser geralmente classificado com base no seu peso unitário e nas suas resistências. Com base no seu peso unitário, o betão que contém areia natural e gravilha, geralmente com um peso de cerca de 2400 kg/m^3 , é designado por *betão de peso normal* e é o betão mais utilizado para fins estruturais. Para aplicações em que se pretende uma relação resistência/peso mais elevada, é possível reduzir o peso unitário do betão utilizando agregados naturais com menor densidade aparente. *O termo betão leve* é utilizado para o betão com peso inferior a cerca de 1800 kg/m³). *O betão pesado*, utilizado na proteção contra radiações, é um betão produzido a partir de agregados de elevada densidade e pesa geralmente mais de 3200 kg/m³ .

Com base nas suas resistências, o betão pode ser classificado como *betão de baixa resistência*: menos de 20 MPa, *betão de resistência moderada*: 20 a 40 MPa ou *betão de alta resistência*: mais de 40 MPa.

O betão normal convencional sofre de certas deficiências, tais como uma baixa relação resistência-peso quando comparado com o aço. Este facto colocou o betão em desvantagem económica na conceção de elementos estruturais para edifícios altos ou pontes de grande vão. As tentativas de ultrapassar estas deficiências resultaram no desenvolvimento de tipos especiais de betão, nomeadamente betões leves, betão de alta resistência, betão auto-consolidante, betão reforçado com fibras, betão de compensação da retração, etc. Esta investigação centrar-se-á exclusivamente nos betões leves.

f) 2 BETÃO LEVE (LWC)

O betão leve é um betão estrutural fabricado com agregados leves, de modo a que o seu peso unitário seja aproximadamente dois terços do peso unitário do betão convencional fabricado com o agregado natural típico. O betão leve tem sido utilizado com êxito em aplicações marítimas e na construção naval. Os primórdios da sua utilização remontam aos EUA, durante a guerra de 1914-1918, onde foram produzidos navios de LWC, cujo sucesso levou à produção do USS Selma (um navio de guerra). Tanto em 1953 como em 1980, a durabilidade do Selma foi avaliada através da recolha de amostras de cordoalhas na zona da linha de água. Em ambas as ocasiões, foram registadas poucas corrosões. Uma investigação levada a cabo pelo The Expanded Clay and Slate Institute provou que a maioria das pontes parecia estar em boas condições. Verificou-se também que, no Japão, a LWC tinha sido utilizada desde 1964 como plataforma de uma estação ferroviária. O estudo sobre a durabilidade, realizado em

1983, provou que o LWC apresentava profundidades de carbonatação semelhantes às do betão normal. Apesar de terem sido registadas algumas fissuras, estas não colocavam problemas estruturais.

As vantagens de ter um betão de baixa densidade são que ajuda na redução da carga morta, aumenta o progresso da construção e reduz os custos de transporte e de transporte. O peso do edifício sobre a fundação é um fator importante, particularmente no caso de solos fracos e de estruturas altas.

Os betões leves podem ser classificados em três (3) tipos, nomeadamente

1)   Betão com agregados leves   (LWAC),

2)   Betão sem finos, e

3)   Betão celular.

2.2.1 Agregado de   betão leve   (LWAC)

O ACI 213R - 87, Guide for Structural Lightweight Aggregate Concrete (Guia para betão estrutural com agregados leves) define o betão com agregados leves como aquele que tem uma resistência à compressão aos 28 dias superior a 17MPA (2500 psi) e um peso unitário seco ao ar aos 28 dias não superior a 1850 kg/m^3 (115 lb/ft^3). É geralmente feito de agregado leve de baixa gravidade específica aparente. A sua utilização não foi reconhecida até ao início dos anos 50, quando foi aceite no Reino Unido para a folha interior de suporte de carga de paredes de cavidades.

2.2.2 Betão sem finos

O betão sem finos é aquele em que os agregados finos são omitidos da mistura, de modo a que exista um grande número de vazios intersticiais. É utilizado principalmente para paredes exteriores e interiores que suportam cargas, paredes moldadas in situ, paredes que não suportam cargas e enchimento de pisos subterrâneos sólidos. A sua utilização só foi reconhecida em 1923 no Reino Unido, quando foram construídas 50 casas em Edimburgo, seguidas, alguns anos mais tarde, por 800 em Liverpool, Manchester e Londres. Os grandes vazios existentes neste betão são responsáveis pela sua baixa resistência.

2.2.3 Betão celular

O betão celular é um tipo de betão produzido com cerca de 20% ou mais de ar por volume no betão. Este betão não contém qualquer agregado grosso. Quando comparado com o betão convencional normal, este tipo de betão não é normalmente utilizado pela sua resistência estrutural, mas sim pelo seu baixo peso próprio e baixa condutividade térmica. Devido à sua baixa resistência à compressão, a sua utilização tem sido limitada a fins não estruturais. No entanto, para obter uma resistência à compressão mais elevada, o betão (celular) é autoclavado, ou seja, curado a uma temperatura e pressão muito elevadas num laboratório.

A cura sem autoclave produz um betão cuja resistência à compressão é insuficiente para ser classificado como betão estrutural, mas com o mundo a evoluir numa direção de eficiência energética e a procurar formas alternativas de eliminar ou utilizar resíduos, a utilização de cinzas volantes foi incorporada e tornou-se um substituto do material de enchimento na mistura de betão. De acordo com as investigações de Kearsley e Wainwright (2001), a adição de cinzas volantes ao betão celular permitirá que este atinja uma resistência suficiente para ser classificado como um betão estrutural. O aumento da resistência resulta de duas razões. Numerosos autores referiram que a utilização de cargas finas produziu uma maior resistência à compressão. Além disso, a cinza volante reage com os produtos de hidratação do cimento e forma produtos com propriedades cimentantes. Após observação, estes investigadores também concluíram que a taxa de desenvolvimento da resistência durante períodos mais longos é aumentada pela adição de cinzas volantes ao betão.

Os vazios presentes na espuma de betão podem ser agrupados em 2;

- Ar arrastado, e

- Ar aprisionado.

O ar arrastado é incorporado intencionalmente. São bolhas que variam entre 5 microns e 80 microns distribuídas uniformemente em toda a massa de betão. Enquanto o ar arrastado é o vazio presente no betão devido a uma compactação insuficiente. O seu tamanho varia de 10 a 1000 microns ou mais e não estão uniformemente distribuídos por toda a massa de betão.

Os vazios arrastados são produzidos por arrastamento de ar, através da utilização de agentes de arrastamento de ar ou de espuma pré-formada. O betão celular pode ser classificado em dois (2) grupos principais de acordo com o seu método de arrastamento, nomeadamente

1) Betão celular

2) Betão espumado

2.1.1.1   Betão celular

O betão celular, também designado por betão a gás, é um tipo de betão leve em que as bolhas são formadas quimicamente através da reação do pó de alumínio com o hidróxido de cálcio e outros álcalis libertados pela hidratação do cimento. O gás que escapa deixa uma estrutura porosa.

$$2Al + 3Ca\,(OH)_2 + 6H_2O \rightarrow 3CaO.Al_2O_3.6H_2O + 3H_2$$

Pó de alumínio + Cal hidratada + Água → Hidrato tricálcico + Hidrogénio

De acordo com Narayanan e Ramamurthy (2000), o betão celular é uma argamassa de cimento ou de cal, classificada como um betão leve, em que os vazios de ar são aprisionados na matriz da argamassa por meio de um agente de aeração adequado. Estes autores referem que a retração por secagem no betão celular pode ser significativamente reduzida utilizando o método de cura por autoclavagem e que é essencial se forem necessários produtos de betão celular com níveis aceitáveis de resistência e retração.

Short e Kinniburgh (1963) afirmaram que, embora os americanos afirmem ter descoberto a incorporação de ar no betão no final da década de 1930, o betão celular foi produzido pela primeira vez em 1929 como blocos na indústria da construção. Foi utilizado pelas suas outras propriedades atractivas, que incluem o baixo peso próprio do betão e um baixo coeficiente de condutividade térmica. As propriedades térmicas do betão também são importantes hoje em dia, uma vez que o mundo está a caminhar para uma direção de eficiência energética.

Basiurski (2000) observou que o betão celular é diferente do betão convencional e que têm caraterísticas diferentes. Afirmou que o betão celular é muito mais leve e tem uma resistência menor do que o betão convencional e, por esta razão, o betão celular e o betão convencional são geralmente utilizados para aplicações diferentes, embora existam aplicações em que ambos podem ser especificados.

Além disso, Bukoski (1998) afirmou que a vantagem proeminente do betão celular é o seu peso próprio reduzido e que proporciona um elevado grau de isolamento térmico e uma poupança considerável de materiais devido à estrutura porosa. É um material pré-fabricado estrutural económico, amigo do ambiente, celular, leve, que proporciona isolamento térmico e acústico, bem como resistência ao fogo e às térmitas. Está normalmente disponível numa variedade de formas, desde painéis de parede e de telhado a blocos e lintéis.

Leitch (1980), no seu trabalho, afirmou que, para além das vantagens óbvias do betão celular, este pode ser utilizado de forma rápida e fácil de manusear e instalar. O material pode ser cortado à medida no local utilizando serras de fita normais, serras manuais ou berbequins.

2.1.1.2   Betão espumado

Pode ser produzido criando poros no betão através da adição de um agente espumante à mistura que irá reagir com o cimento para produzir vazios de ar. O betão espumoso pode ser colocado facilmente, por bombagem, se necessário, e não necessita de compactação, vibração ou nivelamento. Tem uma excelente resistência à água e ao gelo. É muito versátil, uma vez que pode ser adaptado para um desempenho ótimo e um custo mínimo através da escolha de uma conceção de mistura adequada.

Valore (1954) referiu que o método de formação de espuma na produção de betão celular é o processo de formação de poros mais económico e controlável, uma vez que não estão envolvidas reacções químicas.

A introdução destes poros é possível através de meios mecânicos;

a) Espuma pré-formada (agente espumante misturado com uma parte da água de mistura) ou

b) Mistura de espuma (agente espumante misturado com a argamassa).

Algumas das caraterísticas do betão espumoso são as seguintes: peso leve, boas propriedades de isolamento, bom desempenho à prova de fogo, bom desempenho sísmico, durabilidade e outros excelentes desempenhos de construção, tem uma aplicação muito ampla. As caraterísticas são discutidas brevemente de seguida:

- Peso leve: A densidade do betão espumoso é geralmente baixa, de 400-1800kg/m^3 . Vários investigadores apresentaram intervalos contraditórios para a densidade da espuma de betão. De acordo com Cox e Van-Dijk (2002), a espuma de betão com valor estrutural pode ser produzida com densidades entre 1200kg/m^3 e 1900kg/m^3 . Chen e Liub (2005), no seu próprio trabalho, concluíram que as suas densidades variavam entre 1400kg/m^3 e 2000kg/m^3 . A BS: 8110: Parte 2: 1985 também fez a mesma classificação para o betão leve com espuma.

- Boa propriedade de isolamento térmico: A espuma de betão é um tipo de material de isolamento e preservação do calor utilizado principalmente em paredes e telhados de edifícios. Evita a troca de calor entre o interior e o exterior. De acordo com Qin xin (2016), a condutividade térmica da espuma de betão é de 0,1 W (K/m), o que é cerca de 14 vezes inferior à do betão convencional.

- Elevada resistência ao fogo e isolamento acústico: uma vez que a espuma de betão é composta principalmente por materiais que não têm caraterísticas químicas de combustão espontânea, tem uma boa resistência ao fogo. Ao mesmo tempo, devido à existência de muitos poros fechados, é um bom isolador de som.

- Bom desempenho sísmico: A espuma de betão tem um peso próprio reduzido, uma densidade pequena e um módulo de elasticidade pequeno. A sua estrutura porosa permite-lhe ter um excelente desempenho sísmico quando sujeito a vibrações como o terramoto, que pode difundir e absorver a carga de impacto.

- Outros desempenhos: Devido à estrutura porosa, a espuma de betão tem boas propriedades de resistência ao gelo e à corrosão. Tem também a capacidade de utilizar resíduos industriais, como as cinzas volantes, como aditivo para melhorar as suas propriedades. Por último, reduz o custo de produção.

De acordo com Aldridge et al (2005), a gama aceitável de resistência à compressão para betão leve é de 1 - 15N/mm2

2.3 ARRASTAMENTO DE AR

De acordo com Ramachandran (1984), o arrastamento de ar é o processo pelo qual muitas pequenas bolhas de ar são incorporadas no betão, tornando-se assim parte da matriz que une os agregados no betão endurecido. Estas bolhas de ar estão dispersas pela pasta de cimento endurecida, mas não fazem parte da pasta. Isto pode ser conseguido através de um agente de arrastamento de ar, chamado de mistura ou agente formador. De acordo com Ramachandran (1996), os agentes de arrastamento de ar são surfactantes, ou seja, materiais cujas moléculas são fortemente adsorvidas nas interfaces ar-água ou água-sólido.

De acordo com Dodson (1990), os benefícios da utilização de incorporadores de ar só foram descobertos no final da década de 1930. Ele observou que estes incorporadores de ar não só reduziriam o sangramento no betão e aumentariam a uniformidade do betão, como também melhorariam a resistência do betão aos danos causados pelo gelo. Mais tarde, percebeu-se que os cimentos continham algumas substâncias auxiliares de moagem, como gordura de vaca, estearato de cálcio ou óleo de peixe, que eram obviamente a razão do arrastamento de ar no betão. Uma investigação mais aprofundada sobre o arrastamento de ar revelou que a mistura de betão se tornou trabalhável no estado fresco, reduziu a hemorragia no betão e melhorou a durabilidade do betão aos danos causados pelo gelo.

Numa tentativa de compreender o fenómeno dos danos por congelamento e descongelamento, Powers (1954) propôs um procedimento para a conceção de misturas de betão com ar incorporado baseado no fator de espaçamento. Utilizou-o como um método para quantificar a eficácia do ar incorporado. O fator de espaçamento é um índice relacionado com a distância máxima de qualquer ponto numa pasta de cimento ou na fração de pasta de cimento da argamassa ou do betão em relação à periferia de um vazio de ar. Desenvolveu uma expressão designada por fator de espaçamento Powers para medir o desempenho esperado em termos de gelo-degelo.

2.3.1 Agente de arrastamento de ar

Os agentes de arrastamento de ar, segundo a Wikipédia, são compostos orgânicos que reduzem a tensão superficial entre dois líquidos ou entre um líquido e um sólido. De acordo com Du e Folliard (2005), estes tensioactivos caracterizam-se por terem duas regiões na sua estrutura molecular: uma cabeça hidrofílica, que tem afinidade com a água, e uma cauda hidrofóbica, que não tem afinidade com a água. Os tensioactivos podem ser divididos em grupos, dependendo da carga na cabeça; estes grupos são aniónicos, catiónicos, anfotéricos e não iónicos. Se a cabeça tiver uma carga positiva, o agente de arrastamento de ar é catiónico. Se a cabeça for neutra, então o agente de arrastamento de ar é não iónico. Se tiver carga negativa, o agente de arrastamento de ar é aniónico e se a cabeça tiver carga negativa e positiva, o agente de arrastamento de ar é anfotérico. Os agentes tensioactivos de todas estas classes podem provocar o arrastamento de ar no betão, mas a sua eficiência e caraterísticas variam, pelo que os agentes tensioactivos aniónicos são os aditivos de arrastamento de ar mais utilizados no betão.

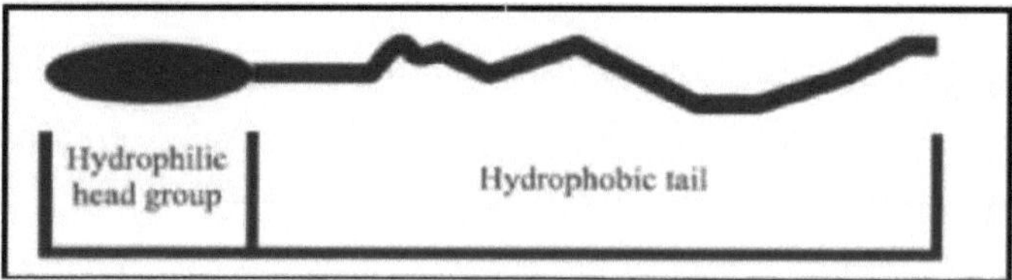

Quadro 2.1: A natureza química básica dos tensioactivos (Myers, 1992)

2.3.1.1 Tipos de agente de entrada de ar

Os tipos de agentes incorporadores de ar utilizados no fabrico de betão incorporado no ar são os seguintes

a) Resinas de madeira naturais

b) Gorduras e óleos animais e vegetais, como o sebo, o azeite e os seus ácidos gordos, como os ácidos esteárico e oleico.

c) Vários agentes molhantes, tais como sais alcalinos ou compostos orgânicos sulfatados e sulfonados.

d) Sabões solúveis em água de ácidos resínicos e de ácidos gordos animais e vegetais.

e) Matérias diversas, como os sais de sódio dos ácidos sulfónicos do petróleo, o peróxido de hidrogénio e o pó de alumínio, etc.

O pó de alumínio, o peróxido de hidrogénio/pó de branqueamento e o carboneto de cálcio libertam hidrogénio, oxigénio e acetileno, respetivamente. Entre estes, o pó de alumínio é o agente de arrastamento de ar mais comummente utilizado.

2.3.1.2 Efeitos do arrastamento de ar no betão

O arrastamento de ar tem uma série de efeitos nas propriedades do betão, que incluem

a) Maior resistência ao congelamento e descongelamento.

b) Melhoria da trabalhabilidade

c) Diminuição da força

d) Redução da tendência para a segregação

e) Redução das hemorragias

f) Aumento da resistência aos ataques químicos

g) Melhora a colocação e o acabamento precoce

h) Redução do teor e do custo do cimento

i)   Redução do peso unitário, etc.

Resistência à compressão: A resistência do betão é uma das propriedades mais importantes do betão para fornecer uma visão global sobre a qualidade do betão (Neville, 1981). A resistência do betão aumenta com a idade e esta situação mantém-se durante algum tempo. No entanto, a resistência aos 28th dias é utilizada como medida da resistência do betão. O aumento da resistência à compressão do betão é altamente dependente da temperatura e da humidade. Em geral, a resistência à compressão do betão é reduzida pela utilização de aditivos arrastados pelo ar. A quantidade de redução da resistência depende da proporção da mistura, dos tipos e da classificação do betão, do cimento e do tipo de agente de arrastamento de ar.

Trabalhabilidade: É muitas vezes referida como a facilidade com que o betão pode ser transportado, colocado e consolidado sem sangramento ou segregação excessivos. O arrastamento de ar irá normalmente melhorar a trabalhabilidade e as propriedades de manuseamento do betão. À medida que a trabalhabilidade aumenta, o ar tende a ser menos estável na mistura e pode flutuar para fora, bem como reduzir o nível de ar arrastado, o que pode resultar numa superfície espumosa fraca para o betão.

Durabilidade: Esta é a capacidade do betão para durar muito tempo sem deterioração significativa. De acordo com o Comité 201 do ACI, a durabilidade do betão de cimento Portland é definida como a sua capacidade de resistir à ação das intempéries, ao ataque químico, à abrasão ou a qualquer outro processo de deterioração. Por outras palavras, um betão durável manterá a sua forma original, qualidade e capacidade de utilização quando exposto ao ambiente de serviço a que se destina. A principal razão para utilizar ar arrastado é aumentar a durabilidade do betão endurecido, especialmente em climas sujeitos a congelamento e descongelamento.

2.3.1.3   Mecanismo dos agentes de arrastamento de ar

Ramachandran (1984) afirmou que as bolhas de ar no betão são formadas pela ação da mistura e que a função principal do agente de arrastamento de ar é estabilizar as bolhas que se formaram e não gerá-las.

Mielenz et al (1958) tentaram investigar a origem do ar no betão. Propuseram que este provinha de 4 fontes diferentes, nomeadamente

1)   Ar já presente nos espaços intergranulares do cimento e do agregado;

2)   Ar originalmente presente nas partículas de cimento e agregado, mas expulso das partículas antes do endurecimento do betão pelo movimento interno da água sob potencial hidráulico e capilar;

3)   Ar originalmente dissolvido na água de mistura;

4)   Ar que é dobrado e envolvido mecanicamente no interior do betão durante a mistura e a colocação.

Outro investigador, Powers (1968), afirmou que o arrastamento de ar no betão resulta de dois factores: o primeiro é a formação de ar por uma ação de vórtice, por exemplo, a agitação de qualquer líquido. O ar é atraído para o vórtice e depois disperso e dividido em bolhas mais pequenas pela ação de cisalhamento, enquanto o segundo envolve os agregados finos, que actuam como "ecrãs tridimensionais" para prender e manter as bolhas de ar dentro da sua rede de partículas à medida que as massas caem e se precipitam umas sobre as outras durante a mistura.

2.3.1.4   Estabilização de bolhas de ar.

As bolhas de ar chegarão à superfície do betão e rebentarão na ausência de agentes de retenção de ar. A pequena quantidade de ar que não consegue escapar é o que se designa por ar aprisionado. No entanto, se for utilizado um agente incorporador de ar, o ar no betão é estabilizado pelo agente incorporador de ar. Du e Folliard (2005) observaram que existe um limite dentro do qual não é possível aumentar a concentração de surfactante e diminuir a tensão superficial. Este limite provoca a formação de uma nova estrutura denominada *micela*. Esta propriedade dos agentes incorporadores de ar foi atribuída ao facto de existir um limite para a percentagem de ar que pode ser incorporada no betão e de a aplicação de mais agente incorporador de ar ter um efeito negligenciável no betão.

Myers (1999) discutiu a existência de alguns mecanismos que podem resultar no colapso das bolhas de ar. Ele resumiu-os da seguinte forma;

a) Difusão de ar de uma bolha de ar pequena para uma bolha de ar maior b) Coalescência de bolhas devido ao fluxo capilar

c) Drenagem hidrodinâmica rápida do líquido entre as bolhas, levando a um colapso rápido.

2.3.2 Agente espumante

Outro método de incorporação de ar no betão é através da utilização de agentes espumantes que dariam origem a um betão espumoso. De acordo com Rudnai (1963), que realizou um estudo pormenorizado sobre a composição, as propriedades físicas e a produção de espuma de betão, o método de pré-espumação consiste em produzir separadamente uma mistura de base e uma espuma aquosa pré-formada estável e, em seguida, misturar cuidadosamente a espuma na mistura de base. A espuma para betão espumoso é feita a partir de um agente espumante concentrado. A espuma é produzida utilizando um gerador de espuma. No gerador de espuma, o agente espumante é diluído em água para fazer uma solução de pré-espuma e, em seguida, a solução de pré-espuma é expandida com ar em espuma.

Kunhanandan e Ramamurthy (2008) concluíram, a partir da sua investigação sobre as propriedades no estado fresco do betão espumoso, que existe uma faixa de rácio água/sólidos para a qual a mistura de betão é estável, ou seja, uma situação em que a mistura não é demasiado fluida para permitir que as bolhas de ar se escapem para o topo da pasta de cimento e escapem e também não é demasiado seca para que as bolhas se quebrem.

Norasyikin (2009) afirmou na sua investigação que existem geralmente dois (2) tipos de agentes espumantes;

1) Agente espumante à base de proteínas

2) Agente espumante de base sintética

2.1.1.1   Agente espumante à base de proteínas

Os agentes espumantes à base de proteínas podem ser obtidos a partir de fontes naturais como as proteínas animais (chifre, sangue, ossos de vacas, porcos e outros restos de carcaças de animais). Têm um peso de cerca de 80g/litro e uma expansão de cerca de 12,5 x utilizando geradores de espuma portaform. Afirmou também que são geralmente mais estáveis do que as espumas sintéticas, mas têm um prazo de validade mais curto, de cerca de 12 meses, em condições abertas. São adequadas para densidades de 400 kg/m^3 a 1600 kg/m^3 e proporcionam uma maior resistência do betão. Por exemplo, Lithofoam.

Os agentes espumantes à base de proteínas podem ser degradados por bactérias e outros micróbios e, por isso, raramente são utilizados na produção de espuma de betão para obras de engenharia civil. No entanto, podem ser utilizados para obter resistências mais elevadas do que os agentes espumantes de base sintética.

2.1.1.2   Agente espumante de base sintética

Por outro lado, os agentes espumantes de base sintética têm densidades de cerca de 40g/litro com uma expansão de cerca de 25 x utilizando portafoam. São muito estáveis em densidades de betão superiores a 1000 kg/m^3 e dão boas resistências. O seu prazo de validade é de cerca de 16 meses, em condições de estanquicidade. Por exemplo, lauril sulfato de sódio (SLS)

2.3.3 Factores que influenciam a quantidade de ar contido.

O arrastamento de ar é influenciado por uma série de factores que incluem;

a.   O tipo e a quantidade de agente incorporador de ar utilizado.

b.   Relação água/cimento da mistura.

c.   Tipo e classificação do agregado.

d.   Processo de mistura.

e.   A temperatura.

f.   Tipo de cimento.

g.   Utilização de outros aditivos para além do agente de entrada de ar.

h.

2.3.3.1   O tipo e a quantidade de agente incorporador de ar utilizado.

Dependendo da elasticidade da película das bolhas produzidas e do grau de redução da tensão superficial, diferentes agentes de arrastamento de ar produzirão diferentes quantidades de arrastamento de ar. Da mesma forma, diferentes quantidades de agentes de arrastamento de ar resultarão em diferentes quantidades de arrastamento de ar.

2.3.3.2   Relação água/cimento da mistura

A relação água/cimento é um dos factores mais importantes que afectam a quantidade de ar arrastado. Com uma relação água/cimento muito baixa, as películas de água no cimento serão insuficientes para produzir uma ação espumante adequada. Com uma relação água/cimento intermédia (0,4 - 0,6) serão produzidas bolhas de ar abundantes. Mas com uma relação água/cimento mais elevada, embora no início se produza uma grande quantidade de ar arrastado, uma grande proporção das bolhas perde-se progressivamente com o tempo.

Kearsley e Mostert (2005) concluíram, através de experiências, que se o teor de água da mistura de betão fosse demasiado baixo, o cimento retiraria água da espuma e verificar-se-ia uma rápida degeneração da espuma, resultando numa densidade mais elevada.

2.3.3.3   Volumes de lote e mistura

Ramachandran (1984) observou que o processo de mistura e o volume do lote afectavam a quantidade de ar contido no betão. O processo de mistura é influenciado pelo tipo de misturador utilizado, pela velocidade a que o misturador funciona, pela capacidade de volume do misturador e pela ação de mistura empregue pelo misturador. Um aumento do tempo de mistura resultará num aumento da quantidade de ar contido no betão. No entanto, após a quantidade máxima de ar ter sido incorporada no betão, verifica-se uma diminuição do teor de ar com o prolongamento do tempo de mistura. De acordo com Ramachandran, esta diminuição do teor de ar pode resultar do endurecimento do betão nas pás do misturador, do desgaste das pás do misturador, da sobrecarga do misturador e da diminuição do abatimento do betão que ocorreria com a mistura prolongada.

2.3.3.4   Cimento

De acordo com uma investigação sobre a finura do cimento, Rixon (1978) descobriu que a dosagem dos agentes de entrada de ar para atingir a mesma quantidade de teor de ar pode ser duplicada diminuindo a finura do cimento. Da mesma forma, haveria uma diminuição no teor de ar da mistura quando o teor de cimento é aumentado. Du e Folliard (2005) conseguiram encontrar uma explicação para o efeito da finura do cimento na quantidade de ar que seria produzida num betão. Eles deduziram que, uma vez que a finura do cimento resultará num aumento da área de superfície, isso também resultará na adsorção do agente de entrada de ar nas superfícies sólidas e, portanto, menos bolhas são formadas e estabilizadas. Além disso, um aumento da finura do cimento aumenta a taxa de hidratação, o que também leva a uma diminuição da quantidade de ar arrastado para o betão devido ao aumento da temperatura.

2.3.3.5   Agregados

Mielenz et al (1958), juntamente com outros investigadores, estudaram o efeito da dimensão dos agregados na quantidade de ar que será arrastado numa mistura de betão e concluíram que as areias com menor módulo de finura teriam um melhor desempenho do que as areias com maior módulo de finura, uma vez que os agregados mais finos resultariam geralmente num betão com menos vazios.

2.3.3.6   Temperatura

A observação mostra que o teor de ar do betão varia inversamente com a temperatura. Foi registado numa série de ensaios laboratoriais e de campo que o teor de ar a 10 °C era aproximadamente 30% superior ao teor de ar a 21 °C. Dodson (1990) apresentou relatórios semelhantes que também indicavam que o teor de ar a 21 °C pode ser 25 % superior ao teor de ar a 38 °C e que 40 % mais ar pode ser arrastado a 4 °C do que a 21 °C.

2.4 CURA

O betão celular também pode ser classificado com base no método de cura utilizado. Os vários métodos de cura podem ser agrupados em dois (2), nomeadamente

1)   Autoclavado

2)   Não autoclavado

Os betões celulares que podem ser obtidos são: betão celular não aerado (espumado) e betão celular aerado (espumado) autoclavado.

3 .4.1 Autoclavagem

A autoclavagem é um processo pelo qual o betão é curado numa câmara com alta temperatura e alta pressão durante um determinado período de tempo, digamos 12 horas. O betão atinge a sua elevada resistência e outras propriedades únicas quando a temperatura atinge 190° Celsius (374° Fahrenheit) e a pressão atinge 8 a 12 bar. Reduz significativamente a retração de secagem do betão celular.

4 .4.2 Não autoclavado

Os processos de cura não autoclavados incluem a cura húmida, a cura a vapor ou a cura a seco. Embora estes métodos de cura possam ser aplicados ao betão celular, na maior parte dos casos não são favorecidos porque a resistência do betão resultante é baixa em comparação com a da autoclavagem. No entanto, a autoclavagem requer a produção em fábrica e, para que o betão celular possa avançar como material estrutural na indústria, terão de ser desenvolvidas formas alternativas de desenvolvimento de elevada resistência do betão celular.

CAPÍTULO 3

METODOLOGIA

Este capítulo apresenta os diferentes materiais, as proporções das misturas e os procedimentos utilizados durante esta investigação.

3.1 MATERIAIS

Os materiais de base para a produção do betão espumoso foram o cimento disponível localmente, o agregado fino, o agente espumante e a água.

3.1.1 Cimento

O aglutinante utilizado para esta experiência foi um cimento Portland calcário (PLC) com o nome comercial UniCem, produzido pela United Cement Company of Nigeria Ltd. O cimento em pó era de cor cinzenta.

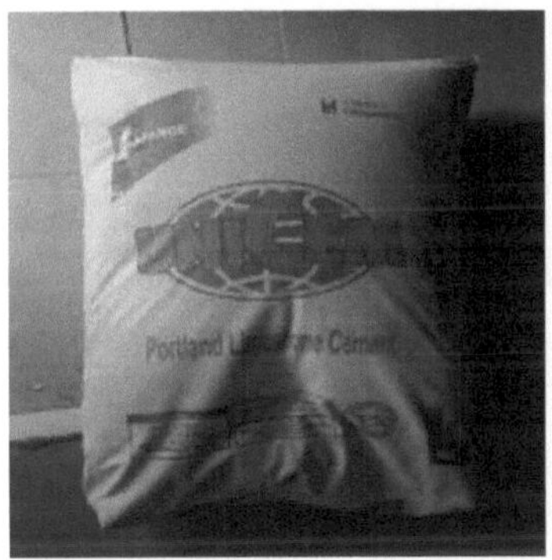

Placa 3.1: Cimento UniCem utilizado na investigação

3.1.2 Agregado fino

Foram utilizadas duas amostras diferentes de agregados finos para os dois ensaios de misturas diferentes, a Amostra A e a Amostra B. A Amostra A foi retirada de uma lixeira em Aluu, Port Harcourt, enquanto a Amostra B foi retirada de uma lixeira no campus de Choba, Universidade de Port Harcourt.

A amostra de agregado A era uma areia da zona 3, uma vez que tinha cerca de 15-34 de percentagem a passar no peneiro de 0,5 mm, enquanto a amostra de agregado B era uma areia da zona 1, uma vez que tinha cerca de 15-35 de percentagem a passar no peneiro de 600 microns. A amostra A tinha mais percentagens de partículas de solo retidas nas peneiras mais pequenas, enquanto a amostra B tinha mais percentagens retidas nas peneiras maiores. Ambas as amostras de areia eram de cor acastanhada. Foram efectuados dois testes laboratoriais em ambas as amostras:

- Ensaio de análise granulométrica

- Ensaio do teor de humidade

Placa 3.2: Amostras de agregados finos. Amostra A (esquerda) e Amostra B (direita)

1.1.1.1   Ensaio de análise granulométrica

A análise granulométrica, vulgarmente conhecida como ensaio de gradação, é um ensaio essencial que foi realizado para ajudar na determinação da distribuição das partículas agregadas, por tamanho, numa determinada amostra, a fim de determinar a conformidade com o projeto. O objetivo do ensaio foi determinar a percentagem de diferentes tamanhos de grãos contidos nas diferentes amostras de solo e, assim, os resultados foram utilizados para a classificação do solo.

Os aparelhos envolvidos neste ensaio foram a balança de pesagem, o conjunto de peneiras, a pá, a panela vazia, a escova manual e as duas amostras de areia de pesos diferentes. Dois dos aparelhos estão representados na placa 3.3 abaixo;

Placa 3.3: Conjunto de peneiras (esquerda) e balança (direita)

Para realizar esta experiência, começou por selecionar-se o conjunto de peneiras a utilizar e empilhá-las por ordem decrescente, com o tabuleiro na base. A amostra de solo já seca ao ar, juntamente com o tabuleiro vazio, foi pesada e registada. A amostra de ensaio foi então vertida através dos peneiros empilhados e coberta no topo com a tampa, para evitar a perda de qualquer partícula. O conjunto de peneiras empilhadas foi agitado manualmente durante um período de 5 minutos, após o que as partículas retidas em cada peneira foram vertidas para o recipiente vazio, pesadas e registadas. Certificou-se de que não havia perda de partículas durante este processo. Foi utilizada uma escova para remover facilmente as partículas que se encontravam entre as malhas. Todo este procedimento foi repetido para a amostra de solo B.

Para a análise dos dados, a massa real do solo retido em cada peneira foi determinada subtraindo o peso da panela vazia do peso combinado da panela e do solo retido. Como controlo, a soma agregada das massas de solo de todas as peneiras era aproximadamente igual à massa inicial da amostra de solo utilizada para o ensaio. A percentagem retida em cada peneira foi obtida dividindo as massas individuais pela massa total da amostra e multiplicando por 100 por cento. A percentagem que passa em cada peneira foi obtida cumulativamente, subtraindo a percentagem retida de 100.

1.1.1.2 Ensaio do teor de humidade.

A essência do teste de teor de humidade realizado foi determinar a quantidade de humidade presente na amostra de solo, de modo a ser tida em conta na quantidade de água que seria utilizada para a mistura.

Os aparelhos utilizados para esta experiência foram: estufa de secagem, latas de teor de humidade, balança de pesagem e uma pá. Alguns dos aparelhos estão representados na placa 3.4 abaixo;

Placa 3.4: Caixas de humidade rotuladas (esquerda) e estufa de secagem (direita)

Primeiro, as latas de humidade vazias foram limpas, tapadas, pesadas e registadas. Pequenas porções da amostra de solo foram despejadas em cada lata de humidade usando uma colher, tapadas, pesadas e registadas novamente. Estas latas cheias foram mantidas a secar no forno de secagem durante 24 horas, a 105° C, após o que as latas foram retiradas para arrefecer e foram novamente pesadas e registadas. Todo o procedimento foi repetido para a amostra de solo B.

3.1.3   Agente espumante

O agente espumante utilizado foi um agente espumante de base sintética, com o nome comercial de lauril sulfato de sódio (SLS), que foi adquirido no número 100 da Bende Street, Town, Port Harcourt. Este agente espumante foi adquirido numa forma de pó fino.

Placa 3.5: Lauril Sulfato de Sódio (SLS) utilizado na investigação

Segue-se um resumo das propriedades do agente espumante.

Tabela 3.1: Propriedades físicas e químicas da SLS

Agente espumante	Descrição química	Fórmula	Molecular massa	Estado físico	Gravidade específica	Ph
Lauril sulfato de sódio (sls)	Sulfactantes sintéticos aniónicos	CH3(CH2)11OSO3Na	288,378 g/mol	Pó branco	1.05	9

Origem: Lauril Sulfato de Sódio ICSC: 0502

3.1.4 Água

A água utilizada para o processo de mistura e cura foi água potável limpa, isenta de qualquer quantidade de óleo, ácidos, sal, álcalis, materiais orgânicos ou quaisquer outras substâncias que possam ser prejudiciais para o betão.

3.2 CONCRETO

3.2.1 Conceção e doseamento da mistura

A conceção da mistura para esta experiência, para produzir um betão leve com uma densidade alvo de 1800kg/m^3 , foi sugerida por um controlo. Os constituintes do betão leve foram misturados na proporção de 0,5:1:3:0,0075, representando a água, o cimento, o agregado fino e o lauril sulfato de sódio, respetivamente.

Tabela 3.2: Peso dos materiais utilizados na mistura

MOLDES (por molde)	CONSUMO DE MATERIAIS (Kg)			
	CIMENTO	FINA AGREGADO	SLS	ÁGUA
1	1.483	4.448	0.011	6.476
2	1.483	4.448	0.011	6.511

3.2.2 Moldes

Com as duas amostras diferentes de agregado fino, foram produzidos dois lotes diferentes de amostras de betão. A amostra A do agregado fino foi utilizada para produzir a amostra de betão - 001, enquanto a amostra B do agregado fino foi utilizada para produzir a amostra de betão - 002. Foram moldados 9 moldes para cada um, perfazendo um total de 18 moldes para toda a experiência. Os moldes em forma de cubo tinham dimensões de 150 mm x 150 mm x 150 mm. Foram fabricados com chapas de aço e o seu interior foi cuidadosamente limpo e lubrificado.

Placa 3.6: Moldes de cubos

3.2.3 Procedimento de mistura

Uma vez determinadas as proporções da mistura, os materiais que constituem a mistura de base foram harmonizados numa pasta utilizando os dois métodos de fabrico:

- Método de formação de espuma pré-formada

- Método de mistura de espuma

Para as amostras de cubos 001 produzidas, foi utilizado o método da espuma pré-formada. Os materiais foram pesados e colocados numa superfície limpa e nivelada, um após o outro. O agregado fino (Amostra A) foi colocado em primeiro lugar, seguido do cimento. Os dois materiais foram misturados até se obter uma mistura homogénea acinzentada. O agente espumante medido necessário foi vertido na quantidade já medida de água e misturado à mão durante 3 minutos até se produzir espuma. Em seguida, esta espuma formada foi adicionada à mistura de base homogénea anterior.

Placa 3.7: Método pré-formado de produção de espuma

As amostras de cubos 002 foram produzidas utilizando o método de mistura de espuma. O agregado fino (Amostra B) foi colocado em primeiro lugar, seguido do cimento e, por último, o agente espumante, no estado de pó. Os 3 materiais foram misturados manualmente com uma pá até se obter uma cor acinzentada uniforme. De seguida, a água medida foi introduzida em último lugar.

Placa 3.8: Método de formação de espuma mista

Depois de obter corretamente uma mistura uniforme dos constituintes do betão, foi realizado um ensaio de abatimento do betão fresco para determinar a sua trabalhabilidade.

Placa 3.9: Espuma de betão recentemente misturada

3.2.4 Ensaio de abatimento

Este ensaio foi realizado com o betão fresco. Foi utilizado para avaliar o livre fluxo horizontal do betão na ausência de obstruções. Este ensaio dá uma indicação da consistência do betão fresco.

O aparelho utilizado para este ensaio inclui: molde em forma de tronco de cone com dimensões de 200 mm de diâmetro na base, 100 mm de diâmetro no topo e uma altura de 300 mm, uma placa de base, espátula, régua métrica.

Placa 3.10: Ensaio de abatimento

O tronco de cone foi primeiro lubrificado. Em seguida, a placa de base foi colocada numa superfície plana e nivelada. O cone foi colocado centralmente na placa de base e mantido firmemente com as pegas em o lado. Com a ajuda de uma espátula, o betão fresco foi utilizado para encher o cone. Assegurou-se que o cone estava nivelado e que os excessos laterais eram retirados com uma pá. O cone foi cuidadosamente levantado na vertical e o betão fresco foi deixado cair livremente. Mergulhou-se a régua de medição no betão fresco caído e registou-se a altura. Todo o procedimento foi repetido para o ensaio da mistura 2nd .

O abatimento foi obtido subtraindo a altura marcada do betão caído da altura do cone de abatimento.

Após a realização do ensaio de abatimento, os moldes de cubos foram preenchidos em camadas, batendo ligeiramente nos lados dos moldes com uma vareta. Foram deixados a endurecer durante cerca de uma hora, após o que foram cuidadosamente identificados e etiquetados de acordo com os seus dias de cura.

Placa 3.11: Betão em moldes

3.2.5 Cura

A cura foi efectuada para evitar a perda excessiva de água após a moldagem e, consequentemente, para aumentar a resistência. O método de cura adotado nesta experiência foi o método de cura em água. Os cubos de betão foram desmoldados após 24 horas de moldagem e depois colocados num tanque de cura cheio de água limpa. Os cubos foram colocados de forma a ficarem completamente submersos na água. Cada um dos três (3) cubos foi curado durante 7 dias, 21 dias e 28 dias, respetivamente, para os dois lotes diferentes de amostras produzidas.

Placa 3.12: cura de cubos no tanque de água

3.2.6 Ensaio de resistência à compressão

Este ensaio foi realizado com o betão endurecido. O ensaio de resistência à compressão forneceu um valor para a carga de compressão uniaxial e a tensão atingida quando o cubo de betão falhou. Uma vez que as propriedades do betão endurecido dependem do tempo, os ensaios realizados foram feitos em determinadas idades. Este facto ajudou a determinar a evolução da resistência do betão.

Os aparelhos utilizados nesta experiência foram a balança, uma espátula e uma máquina de resistência à compressão, que podem ser representados na placa 3.11;

Placa 3.13: Máquina de compressão

Procedimento de ensaio de resistência:

A máquina tem a possibilidade de controlar a taxa de carregamento através de uma válvula de controlo. A máquina foi calibrada de acordo com as normas exigidas. As placas foram limpas e o nível de óleo foi verificado. Para cada dia de cura, 3 espécimes foram retirados do tanque de cura e secos com um pano. O provete foi pesado e depois transferido para a cabeça giratória da máquina, de modo a que a carga fosse aplicada centralmente. As superfícies lisas do provete foram colocadas sobre as superfícies de apoio. A placa superior foi posta em contacto com o provete rodando o manípulo. A válvula de pressão do óleo foi fechada e a máquina foi ligada. Manteve-se uma taxa de carga uniforme de 140 kg/cm2/min. Anotou-se a carga máxima até à rotura em que o provete se parte e o ponteiro começa a recuar. O teste foi repetido para os outros 2 espécimes e o valor médio foi considerado como a resistência média.

CAPÍTULO 4

RESULTADOS e DISCUSSÃO

Este capítulo contém os resultados obtidos durante o trabalho de investigação e os resultados foram também discutidos no capítulo.

4.1 RESULTADO DO ENSAIO DE ANÁLISE GRANULOMÉTRICA

O resultado do ensaio de granulometria do agregado Amostra A é analisado na Tabela 4.1 abaixo. A percentagem de massa retida, a percentagem de passagem e o módulo de finura foram calculados utilizando as seguintes fórmulas;

$$\% \; mass \; retained = \frac{Individual \; retained \; mass}{Total \; mass \; of \; sample} \times 100 \qquad (4.1)$$

$$\% \; passing = 100 - cumulative \; \% \; retained \qquad (4.2)$$

$$Fineness \; Modulus = \frac{cummulative \; \% \; retained}{100} \qquad (4.3)$$

Tabela 4.1: Resultado do ensaio de análise granulométrica para a Amostra A

Tamanho do peneiro (mm)	Massa retida (g)	% retida	Cumulativa % retida	Cumulativo % de aprovação
2	2	0.33	0.33	99.67
1.4	63	10.50	10.83	89.17
1.18	30	5.00	15.83	84.17
0.85	90	15.00	30.83	69.17
0.5	290	48.33	79.16	20.84
Panela	125	20.83		
TOTAL = 600g				

A partir da Tabela 4.1 acima, é evidente a partir da coluna de massa retida (coluna 2) que mais de metade da amostra de solo foi retida nos crivos de menor dimensão e menos nos crivos de maior dimensão.

O módulo de finura (FM), que é um valor único que expressa a classificação do agregado, foi calculado em 1,40, o que indica uma areia muito fina. Além disso, a partir da tabela, a percentagem cumulativa que passa através do peneiro 0,5 mm, caiu no intervalo de 1534, o que confirmou a zona do agregado fino como uma zona 3 adequada para betonagem.

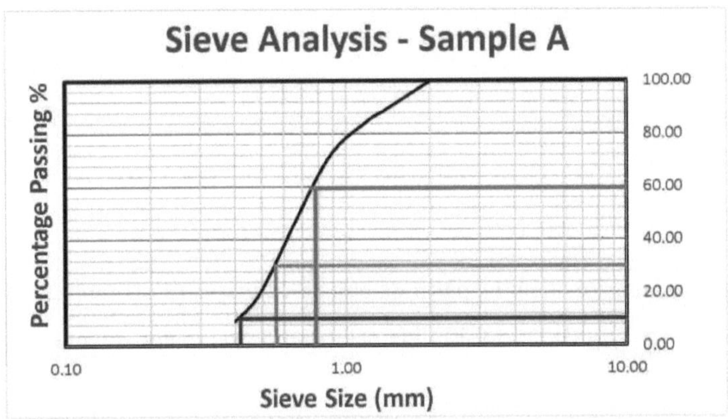

Figura 4.1: Curva de distribuição granulométrica da amostra A

A partir da Figura 4.1, foram obtidos os valores de D10, D30 e D60 e calculados os valores do Coeficiente de curvatura (Cc) e do Coeficiente de uniformidade (Cu). Estes coeficientes também ajudaram na classificação dos agregados. As suas fórmulas são as seguintes

$$Cc = \frac{D_{30}{}^2}{D_{60} \times D_{10}} \tag{4.4}$$

$$Cu = \frac{D_{60}}{D_{10}} \tag{4.5}$$

O Coeficiente de Uniformidade (CU) deu 1,73 enquanto o Coeficiente de Curvatura (Cc) deu 0,86, mostrando que a amostra de agregado era mal graduada.

O resultado do ensaio de granulometria para o agregado Amostra B, é analisado na Tabela 4.2 abaixo. A percentagem de massa retida, a percentagem de passagem e o módulo de finura foram calculados utilizando as fórmulas indicadas anteriormente.

Quadro 4.2: Resultado do ensaio de análise granulométrica da amostra B

Tamanho do peneiro (mm)	Massa retida	% retida	Cumulativo	Cumulativo % de aprovação

	(g)		% retida	
4.75	0	0.00	0.00	100.00
2.36	34	6.80	6.80	93.20
1.18	116	23.20	30.00	70.00
0.6	247	49.40	79.40	20.60
0.3	80	16.00	95.40	4.60
0.125	22	4.40	99.8	0.2
Panela	1	0.20		
TOTAL = 500g				

A partir da Tabela 4.2 acima, é evidente a partir da coluna de massa retida (coluna 2) que mais de metade da amostra de solo foi retida nas peneiras de maior dimensão e menos nas peneiras de menor dimensão.

O módulo de finura (FM), que é um valor único que expressa a classificação do agregado, foi calculado em 3,11, o que indica uma areia grossa. Além disso, a percentagem que passa no peneiro 0,6 mm situa-se no intervalo de 15-34, o que confirma a zona do agregado fino como uma areia de zona 1 adequada para betonagem.

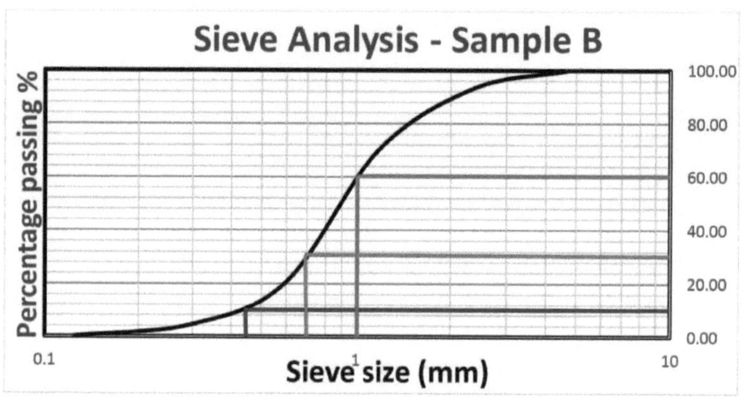

Figura 4.2: Curva de distribuição do tamanho das partículas para a amostra B

A partir da Figura 4.2 acima, os valores de D10, D30 e D60 foram obtidos e os valores de Cc e Cu foram calculados. O Coeficiente de Uniformidade (CU) deu 2,22 e o Coeficiente de Curvatura (Cc) deu 1,09, mostrando que a amostra de agregado estava bem graduada.

4.2 RESULTADO DO TESTE DO CONCURSO DE HUMIDADE

Para as quatro (4) amostras diferentes recolhidas para o ensaio de teor de humidade do agregado da Amostra A, foram obtidos os resultados apresentados no Quadro 4.3. O teor de humidade (em percentagem) foi calculado como se indica a seguir;

$$Moisture\ content\ (\%) = \frac{W_2 - W_3}{W_3 - W_1} \qquad\qquad (4.6)$$

Tabela 4.3: Resultados do ensaio de controlo da humidade para a amostra A

DESCRIÇÃO	1	2	3	4	MÉDIA
Lata vazia - W1 (Kg)	43	40	41	40	41.00
CONTAINER + SOLO HÚMIDO - W2 (Kg)	197	212	176	175	190.00
CONTENTOR + SOLO SECO - W3 (Kg)	192	208	172	171	185.75

O teor de humidade presente na Amostra A era de 2,94% e, por isso, a massa de água necessária para a mistura foi reduzida de 6,672 kg para 6,476 kg para manter a relação água-cimento.

Por outro lado, para o ensaio de teor de humidade realizado no agregado da Amostra B, foram colhidas duas (2) amostras diferentes, 1 e 2, e os resultados obtidos no ensaio são apresentados no Quadro 4.4 abaixo.

Tabela 4.4: Resultados do teste de controlo da humidade para a amostra B

Descrição	1	2	Média
Lata vazia - W1 (Kg)	25	31	28
CONTAINER + SOLO HÚMIDO - W2 (Kg)	156	152	154
CONTENTOR + SOLO SECO - W3 (Kg)	151	149	150

O teor de humidade presente na Amostra B era de 3,28% e, por isso, a massa de água necessária para a mistura foi reduzida de 6,672 kg para 6,511 kg para manter a relação água-cimento.

4.3 CAPACIDADE DE TRABALHO

A Tabela 4.5 resume os resultados do ensaio de abatimento realizado nas amostras de betão (001 e 002) para uma relação água/cimento de 0,5 e uma relação de mistura de 1:3:0,0075. A trabalhabilidade do betão com espuma foi maior para a amostra de betão - 001 do que para a amostra de betão - 002.

Talvez esta diferença na sua trabalhabilidade possa ser resultado do método de geração de espuma em ambas as amostras de betão. Por outro lado, o betão espumoso à base de proteínas, fabricado com espuma de litofane como reagente, apresentou um valor intermédio de 250 mm.

Tabela 4.5: Resultados do ensaio de abatimento

AMOSTRA DE BETÃO	VALOR DO DESLOCAMENTO (mm)
001	265
002	240
Espuma de betão à base de proteínas	250

4.4 DENSIDADE DE MASSA

Os valores globais da densidade aparente para as amostras de betão 001 e 002 são apresentados no APÊNDICE A e no APÊNDICE B, respetivamente.

Os valores da densidade aparente aos 28th dias para as amostras de betão - 001, 002 e o betão espumoso à base de proteínas são apresentados na Tabela 4.6 abaixo;

Tabela 4.6: 28th valores de densidade aparente por dia

AMOSTRA DE BETÃO	PESO MÉDIO DA AMOSTRA (kg)	DENSIDADE MÉDIA DA AMOSTRA (kg/m^3)
001	7.00	2074.07
002	6.67	1975.31
Espuma à base de proteínas concreto	6.40	1889.29

A partir da tabela 4.6 acima, é evidente que o valor da densidade aparente da amostra de betão - 001 foi um aumento de 9,78% em relação à espuma de betão à base de proteínas, enquanto o valor da densidade aparente da amostra de betão - 002 foi um aumento de 4,55% em relação à espuma de betão à base de proteínas.

A partir dos valores de densidade, pode deduzir-se que a amostra de betão 001 tem menos vazios presentes na estrutura do que a amostra 002 e a espuma de betão à base de proteínas.

4.5 RESULTADO DO ENSAIO DE RESISTÊNCIA À COMPRESSÃO

A resistência à compressão para a amostra de betão - 001 é apresentada na Tabela 4.7, Tabela 4.8 e Tabela 4.9 para os dias 7, 21 e 28, respetivamente. É evidente que há um aumento gradual da resistência à compressão com um aumento correspondente na idade de cura. A resistência do dia 7th (8.04N/mm^2) aumentou em 20% para dar a resistência do dia 21st (9.64N/mm^2) e aumentou em 40.17% para dar a resistência do dia 28th (11.27N/mm^2).

Tabela 4.7: Resultados da resistência à compressão para a amostra de betão - 001 (7 dias)

Tamanho do cubo (mm)	Peso do provete (kg)	Densidade do provete (kg/m3)	Rácio de mistura	Idade em dias	Carga (kn)	Tensão (n/mm2)
150X150X150	6.684	1980.44	0.5:1:3:0.0075	7	212.8	9.46
150X150X150	7.055	2090.37	0.5:1:3:0.0075	7	172.7	7.68
150X150X150	7.45	2207.41	0.5:1:3:0.0075	7	156.8	6.97
MÉDIA		2092.74				8.04

Tabela 4.8: Resultados da resistência à compressão para a amostra de betão - 001 (21 dias)

Tamanho do cubo (mm)	Peso do provete (kg)	Densidade do provete (kg/m3)	Rácio de mistura	Idade em dias	Carga (kn)	Tensão (n/mm2)
150X150X150	6.984	2069.33	0.5:1:3:0.0075	21	170.7	7.59

150X150X150	6.963	2063.11	0.5:1:3:0.0075	21	236.7	10.52
150X150X150	6.977	2067.26	0.5:1:3:0.0075	21	243	10.8
MÉDIA		**2066.57**				**9.64**

Tabela 4.9: Resultados da resistência à compressão para a amostra de betão - 001 (28 dias)

Tamanho do cubo (mm)	Peso do provete (kg)	Densidade do provete (kg/m3)	Rácio de mistura	Idade em dias	Carga (kn)	Tensão (n/mm2)
150X150X150	7	2074.07	0.5:1:3:0.0075	28	250.7	11.14
150X150X150	7.5	2222.22	0.5:1:3:0.0075	28	265.3	11.79
150X150X150	6.5	1925.93	0.5:1:3:0.0075	28	244.8	10.88
MÉDIA		**2074.07**				**11.27**

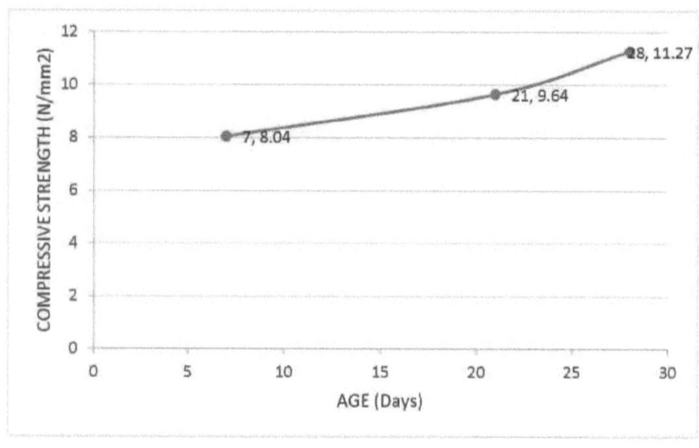

4.6   ura 4.3: Variação da resistência à compressão com a idade para a amostra de betão - 001

Por outro lado, a resistência à compressão da amostra de betão 002 é apresentada nos quadros 4.10, 4.11 e 4.12 para os dias 7, 21 e 28, respetivamente.

Também é evidente que há um aumento gradual na resistência à compressão com um aumento correspondente na idade de cura. A resistência ao 7th dia (6.92N/mm^2) aumentou em 31.4% para dar a resistência ao 21st dia (9.09N/mm^2) e aumentou em

59.5% para dar a resistência ao 28th dia (11.04N/mm^2).

Tabela 4.10: Resultados da resistência à compressão para a amostra de betão - 002 (7 dias)

Tamanho do cubo (mm)	Peso do provete (kg)	Densidade do provete (kg/m)^3	Rácio de mistura	Idade em dias	Carga (kn)	Tensão (n/mm)^2
150X150X150	6.5	1925.93	0.5:1:0.3:0.0075	7	149.2	6.63
150X150X150	7	2074.07	0.5:1:0.3:0.0075	7	202.7	9.01
150X150X150	6.5	1925.93	0.5:1:0.3:0.0075	7	115.5	5.13
MÉDIA		1975.31				6.92

Tabela 4.11: Resultados da resistência à compressão da amostra de betão - 002 (21 dias)

Tamanho do cubo (mm)	Peso do provete (kg)	Densidade do provete (kg/m)^3	Rácio de mistura	Idade em dias	Carga (kn)	Tensão (n/mm)^2
150X150X150	6	1777.78	0.5:1:0.3:0.0075	21	149	6.62
150X150X150	6.5	1925.93	0.5:1:0.3:0.0075	21	224.1	9.96
150X150X150	7.5	2222.22	0.5:1:0.3:0.0075	21	240.5	10.69
MÉDIA		1975.31				9.09

Tabela 4.12: Resultados da resistência à compressão para a amostra de betão - 002 (28 dias)

Tamanho do cubo (mm)	Peso do provete (kg)	Densidade do provete (kg/m)^3	Rácio de mistura	Idade em dias	Carga (kn)	Tensão (n/mm)^2
150X150X150	7	2074.07	0.5:1:0.3:0.0075	28	256.1	11.38
150X150X150	6.5	1925.93	0.5:1:0.3:0.0075	28	246.5	10.96
150X150X150	6.5	1925.93	0.5:1:0.3:0.0075	28	242.8	10.79
MÉDIA		1975.31				11.04

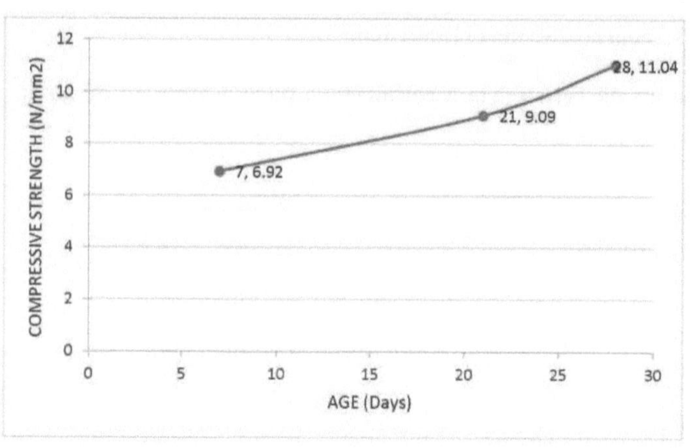

4.7 ura 4.4: Variação da resistência à compressão com a idade para a amostra de betão - 002

- Comparação da resistência à compressão entre as amostras de betão 001 e 002

As seis (6) tabelas acima mostram que foi atingido um valor mais elevado de resistência à compressão para a amostra de betão - 001, nos dias 7, 21 e 28, respetivamente. A maior resistência à compressão alcançada na amostra de betão - 001 deveu-se ao facto de ter sido utilizado um material de enchimento mais fino, que se enquadrava na classificação de agregados da zona 3. A utilização de cargas mais finas resultou numa menor formação de vazios na matriz do betão e, consequentemente, numa maior resistência. O método de geração de espuma também desempenhou um papel importante na maior resistência alcançada.

Um gráfico dos valores da resistência à compressão em função das idades correspondentes para ambas as amostras de betão - 001 e 002 - mostrou uma tendência convergente na Figura 4.5 abaixo;

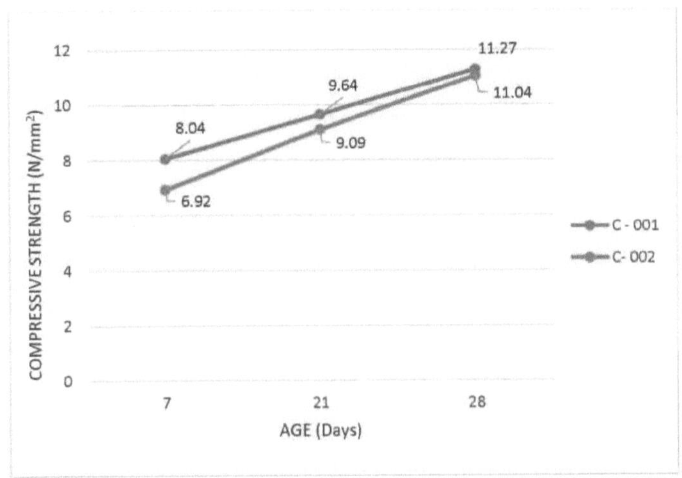

4.8 ura 4.5: Variação da resistência à compressão com a idade para as amostras de betão - 001 e 002

A Tabela 4.13 abaixo mostra a resistência à compressão da espuma de betão produzida utilizando um reagente à base de proteínas (Lithofoam), agregado fino com um módulo de finura de 1,89 e método de produção de espuma pré-formada.

Tabela 4.13: Resultados da resistência à compressão da espuma de betão à base de proteínas

Idade em dias	Tamanho do cubo (mm)	Peso do provete (kg)	Densidade do provete (kg/m3)	Rácio de mistura	Carga (kn)	Tensão (n/mm)²
28	150X150X150	6.400	1889.29	0.5:1:0.3:0.0075	312.5	**13.89**
60	150X150X150	6.500	1913.75	0.5:1:0.3:0.0075	377.6	**16.78**
90	150X150X150	6.500	1914.00	0.5:1:0.3:0.0075	380.3	**16.90**

A resistência à compressão aos 28 dias para as amostras de betão - 001 e 002, feitas com um agente espumante de base sintética, foi de 11,27N/mm² e 11,04N/mm² respetivamente. A resistência à compressão aos 28 dias para o betão espumado, feito com um agente espumante à base de proteínas, de acordo com a Tabela 4.13 acima, foi de 13,89N/mm² . Tanto o betão espumoso à base de proteínas como o sintético foram produzidos utilizando a mesma proporção de mistura.

Foi obtida uma maior resistência à compressão para o betão espumoso à base de proteínas produzido e, assim, podemos concluir que um reagente à base de proteínas produz uma maior resistência à compressão do que os reagentes de base sintética devido às propriedades aglomerantes das proteínas.

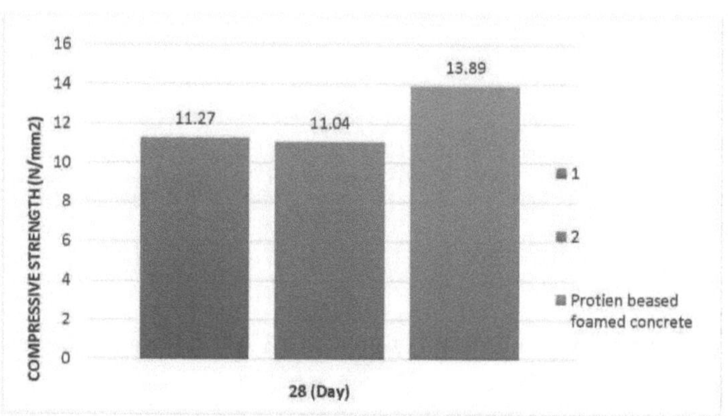

Figura 4.6: 28th variação da resistência ao longo do dia para as 3 amostras de betão com espuma

Durante a cura, observou-se que a água, com o passar do tempo, se tornou turva e viscosa como resultado do reagente espumante adicionado à mistura. Isto pode ter tido um efeito sobre as resistências das amostras de betão.

CAPÍTULO 5

CONCLUSÃO E RECOMENDAÇÃO

5.1 CONCLUSÃO

Dos resultados obtidos na investigação, foram retiradas as seguintes conclusões

1)   A amostra de betão - 001 teve uma resistência à compressão mais elevada do que a amostra de betão - 002. Apesar de ambas terem sido produzidas utilizando um agente espumante de base sintética, o Lauril Sulfato de Sódio (SLS), e de terem sido utilizadas as mesmas proporções de mistura, a discrepância nas suas resistências pode ser atribuída ao tipo de agregado utilizado e ao método de geração de espuma. Assim, podemos concluir que as amostras de agregados com menor módulo de finura podem ser utilizadas para obter um betão espumoso de maior resistência, uma vez que se formam menos vazios na matriz. Além disso, o método de produção de espuma pré-formada produz uma resistência mais elevada.

2)   A amostra de betão - 001 tinha geralmente uma densidade aparente mais elevada do que a amostra de betão - 002. Este facto pode ser relacionado com a relação entre o método de produção de espuma e o índice de vazios. Assim, podemos concluir que, como a amostra de betão - 002 era uma amostra muito mais leve, tinha mais vazios do que os produzidos na amostra de betão - 001 e, portanto, uma densidade aparente menor.

3)   A utilização do agente espumante de base sintética, o Lauril Sulfato de Sódio, teve um desempenho satisfatório na produção de espuma de betão que se enquadra na gama de espuma de betão estrutural.

4)   Verificou-se um aumento geral da resistência à compressão com o aumento progressivo da idade de cura.

5)   O reagente de base proteica pode ser utilizado para produzir espuma de betão com resistências superiores às do reagente de base sintética.

5.2 RECOMENDAÇÃO

O reagente de base sintética utilizado no estudo comparativo da resistência da espuma de betão leve teve um desempenho satisfatório na produção de uma espuma de betão estrutural. Apesar de ter uma resistência à compressão inferior à produzida com um reagente de base proteica (Lithofoam), recomenda-se que;

1)   Pode ser utilizado na produção de espuma de betão

2)   Devem ser utilizados agregados finos com baixo módulo de finura, ou seja, uma areia fina em vez de uma areia grossa.

3)   O método de espumação pré-formada é utilizado para a produção de espuma

4)   A utilização do reagente à base de proteínas deve ser evitada devido ao seu potencial de degradação por bactérias e outros micróbios.

REFERÊNCIAS

Comité ACI 201, (2008). *Guia para o betão durável*".

Aldridge D., Dhir R. K., Newlands M. D. & McCarthy A. (2005). *Introduction to Foam Concrete & Use of Foam Concrete in Construction*" *(Introdução ao betão-espuma e utilização do betão-espuma na construção).*

Basiurski, J.R (2000). *Foamed Concrete for Void Filling, Insulation and Construction*" *[Betão espumado para enchimento de espaços vazios, isolamento e construção]*. Unidade de Tecnologia do Betão da Universidade de Dundee, pp 42

Instituto Britânico de Normalização. (1985) BS: 8110: Parte 2:

Bukoski, S. C. (1998), *"Autoclaved Aerated concrete: Shaping the Evolution of Residential Construction in the United States"*. Escola de Engenharia Civil e Ambiental, Instituto de Tecnologia da Geórgia, Atlanta, GA, EUA

Chen B. e Liub J. (2005). *Contribuição das fibras híbridas para as propriedades do betão leve de alta resistência com boa trabalhabilidade*". Cem. Con. Res. 35: 913-917.

Cox, L. e Van-Dijk, S. (2002). *"Espuma de betão: A Different Kind of Mix" (Um tipo diferente de mistura).* Concrete', Vol. 36, No. 2, pp. 54.

Dodson, V.H. (1990). *"Concrete Admixtures"*, Nova Iorque: Van Nostrand Reinhold.

Du, L. e Folliard, K.J. (2005) *"Mechanisms of air entrainment in concrete"*, Cement and Concrete Research, vol. 35, pp. 1463-1471.

Kearsley, E.P. and Mostert, H.F. (2005) *'Designing mix composition of foamed concrete with high fly ash contents'*, Proceedings of the International Congress on Global Construction, Dundee, pp. 29-36.

Kearsley, E.P. e Wainwright, P.J. (2001) *"The effect of high flyash content on the compressive strength of foamed concrete"*, Cement and Concrete Research, vol. 31, pp. 105-112.

Kunhanandan, E.K. e Ramamurthy, K. (2008) *'Fresh State Characteristics of Foamed Concrete', Journal of Materials in Civil Engineering*, **20**. (1). 111-117.

Leitch, F.N. (1980), *"The Properties of Aerated Concrete in Services"*. Actas da Segunda Conferência Internacional sobre betões leves. Londres, 1980.

Mehta P. Kumar e Monteiro Paulo J. M. (2006). *'Concrete Microstructure, Properties, and Materials'*. McGraw - Hill companies, Inc. Estados Unidos da América.

Mielenz, R.C., Wolkodoff, V.E., Backstrom, J.E. e Flack, H.L. (1958) *'Origin, Evolution, and Effects of the Air Void System in Concrete. Part   1- Entrained Air in Unhardened Concrete"*,

Instituto Americano do Betão, vol. 30, julho, pp. 95-121

Myers, D. (1992) *'Surfactant science and technology'*, 2ª edição, Nova Iorque: New York VCH.

Myers, D. (1999). *'Surfaces, Interfaces, and Colloids: Principles and Applications'*. 2nd Ed, Nova Iorque: Wiley VCH.

Narayanan, N. e Ramamurthy, K. (2000) *"Structure and properties of aerated concrete"*, Cement and Composites, vol. 22, pp. 321-329.

Neville A.M (1981). *'Properties of Concrete'*. 3rd Ed. Universidade de Michigan, Pitman Pub.

Norasyikin, M. Y. (2009) *'Production of Foamed Concrete with a Method of Mixing'* Projeto de fim de curso, Universiti Malaysia Sarawak.

Powers, T.C. (1954) *'Void spacing as a basis for producing airentrained concrete'*, *Journal Of the American Concrete Institute*. **25**. (9). 741-760.

Powers, T.C (1968). *The Properties of Fresh Concrete" (As propriedades do betão fresco)*. Universidade de Michigan, Wiley.

Qin xin (2016). *Revista Internacional de Investigação e Desenvolvimento Multidisciplinar*. **3**. (4). 328-330

Ramachandran, V.S. (1984, 1996). *'Concrete Admixtures Handbook - Properties, Science and Technology'*, New Jersey: Noyes

Relatório do comité ACI 213 (1987), Research Status of Foamed Concrete *ACI Mat.*

J., **87**. (3). 638-651.

Rixon, M.R. (1978). *'Chemical Admixtures for Concrete',* 1st Ed, Nova Iorque: John Wiley & Sons.

Rudnai, G. (1963). "*Betões* leves", Budapeste: Akademiai Kiado.

Short, A. e Kinniburgh, W. (1963). *'Lightweight concrete',* 1st Ed, Nova Iorque: John Wiley & Sons, Inc

Sodium Lauryl Sulphate ICSC: 0502 (8 de abril[th] , 2008) [em linha].

Disponível: www.inchem.org/documents/icsc/icsc/eics0502.html

[2017, July 28][th]

Valore RC. (1954). *'Cellular concretes-physical properties'. J Am Concr Inst.* **25**. 817-853.

APÊNDICES

APÊNDICE A

QA/QC   RESISTÊNCIA   AO   ESMAGAMENTO   DO BETÃO/CONCRETO ARENOSO - 001

A.1 Amostra de betão 001 - 7 dias

Data elenco	Material e marcas de identificaç ão	Data do teste	Localizaçã o	Tamanho do cubo (mm)	Peso do provet e (kg)	Densidad e do provete (kg/m)^3	Proporção da mistura (gr)^{ade}	Idad e em dias	Carrega r em (kn)	Stres s (n/m m)^2	Deslizamen to (mm)
7/1/201 7	001	7/8/201 7	UNIPORT	150X150X1 50	6.684	1980.44	0.5:1:3:0.00 75	7	212.8	9.46	265
7/1/201 7	001	7/8/201 7	UNIPORT E	150X150X1 50	7.055	2090.37	0.5:1:3:0.00 75	7	172.7	7.68	265
7/1/201 7	001	7/8/201 7	UNIPORT E	150X150X1 50	7.45	2207.41	0.5:1:3:0.00 75	7	156.8	6.97	265
				MÉDIA	7.063	2092.74			180.77	8.04	265

A.2 Amostra de betão 001 - 21 dias

Data elenco	Material e marcas de identificaçã o	Data do teste	Localizaçã o	Tamanho do cubo (mm)	Peso do provet e (kg)	Densidad e do provete (kg/m)^3	Proporção da mistura (grau)	Idad e em dias	Carg a em (kn)	Stress (n/m m)^2	Deslizament o (mm)
7/1/201 7	001	7/22/201 7	UNIPORT	150X150X1 50	6.984	2069.33	0.5:1:3:0.007 5	21	170.7	7.59	265
7/1/201 7	001	7/22/201 7	UNIPORT E	150X150X1 50	6.963	2063.11	0.5:1:3:0.007 5	21	236.7	10.52	265
7/1/201 7	001	7/22/201 7	UNIPORT E	150X150X1 50	6.977	2067.26	0.5:1:3:0.007 5	21	243	10.8	265
				MÉDIA	7	2066.57			216.8	9.64	265

A.3 Amostra de betão 001 - 28 dias

Data elenco	Material e marcas de identificaçã o	Data do teste	Localizaçã o	Tamanho do cubo (mm)	Peso do provet e (kg)	Densidad e do provete (kg/m)^3	Proporção da mistura (grau)	Idad e em dias	Carg a em (kn)	Stress (n/m m)^2	Deslizament o (mm)
7/1/201 7	001	7/29/201 7	UNIPORT	150X150X1 50	7	2074.07	0.5:1:3:0.007 5	28	250.7	11.14	265
7/1/201 7	001	7/29/201 7	UNIPORT	150X150X1 50	7.5	2222.22	0.5:1:3:0.007 5	28	265.3	11.79	265
7/1/201 7	001	7/29/201 7	UNIPORT	150X150X1 50	6.5	1925.93	0.5:1:3:0.007 5	28	244.8	10.88	265
				MÉDIA	7	2074.07			253.6	11.27	265

APÊNDICE B

QA/QC   RESISTÊNCIA   AO   ESMAGAMENTO   DO BETÃO/CONCRETO ARENOSO - 002

B.1 Amostra de betão 002 - 7 dias

Data elenco	Material e marcas de identificaç ão	Data do teste	Localizaçã o	Tamanho do cubo (mm)	Peso do provet e (kg)	Densidad e do provete (kg/m3)	Proporção da mistura (grau)	Idad e em dias	Carg a em (kn)	Stres s (n/m m)²	Deslizamen to (mm)
7/8/201 7	002	7/15/201 7	UNIPORT	150X150X1 50	6.5	1925.93	0.5:1:0.3:0.00 75	7	149.2	6.63	240
7/8/201 7	002	7/15/201 7	UNIPORT E	150X150X1 50	7	2074.07	0.5:1:0.3:0.00 75	7	202.7	9.01	240
7/8/201 7	002	7/15/201 7	UNIPORT E	150X150X1 50	6.5	1925.93	0.5:1:0.3:0.00 75	7	115.5	5.13	240
			MÉDIA		7	1975.31			155.8	6.92	240

B.2 Amostra de betão 002 - 21 dias

Data elenco	Material e marcas de identificaç ão	Data do teste	Localizaçã o	Tamanho do cubo (mm)	Peso do provet e (kg)	Densidad e do provete (kg/m)³	Proporção da mistura (grau)	Idad e em dias	Carg a em (kn)	Stres s (n/m m)²	Deslizamen to (mm)
7/8/201 7	002	7/29/201 7	UNIPORT	150X150X1 50	6	1777.78	0.5:1:0.3:0.00 75	21	149	6.62	240
7/8/201 7	002	7/29/201 7	UNIPORT E	150X150X1 50	6.5	1925.93	0.5:1:0.3:0.00 75	21	224.1	9.96	240
7/8/201 7	002	7/29/201 7	UNIPORT E	150X150X1 50	7.5	2222.22	0.5:1:0.3:0.00 75	21	240.5	10.69	240
			MÉDIA		7	1975.31			204.5 3	9.09	240

B.3 Amostra de betão 002 - 28 dias

Data elenco	Material e marcas de identificaçã o	Data do teste	Localizaçã o	Tamanho do cubo (mm)	Peso do provet e (kg)	Densidad e do provete (kg/m)³	Proporção da mistura (grau)	Idad e em dias	Carg a em (kn)	Stress (n/m m)²	Deslizamen to (mm)
7/8/201 7	002	8/5/201 7	UNIPORT	150X150X1 50	7	2074.07	0.5:1:0.3:0.00 75	28	256.1	11.38	240
7/8/201 7	002	8/5/201 7	UNIPORT	150X150X1 50	6.5	1925.93	0.5:1:0.3:0.00 75	28	246.5	10.96	240
7/8/201 7	002	8/5/201 7	UNIPORT	150X150X1 50	6.5	1925.93	0.5:1:0.3:0.00 75	28	242.8	10.79	240
			MÉDIA		6.67	1975.31			248.4 7	11.04	240

More
Books!

info@omniscriptum.com
www.omniscriptum.com
OMNIScriptum

Printed by Books on Demand GmbH, Norderstedt / Germany